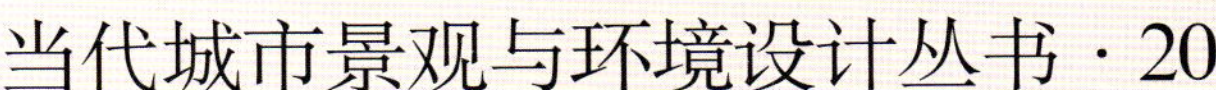

中外环境设施

俞 英 陈 洁 编著

中国建筑工业出版社

图书在版编目（CIP）数据

中外环境设施／俞英，陈洁编著.—北京：中国建筑工业出版社，2004
（当代城市景观与环境设计丛书·20）
ISBN 7-112-06939-4

Ⅰ.中... Ⅱ.①俞... ②陈... Ⅲ.城市公用设施-环境设计-图集 Ⅳ.TU984.14-64

中国版本图书馆 CIP 数据核字(2004)第 123107 号

责任编辑：陈小力 李东禧

当代城市景观与环境设计丛书·20
中外环境设施
俞英 陈洁 编著
*
中国建筑工业出版社出版、发行(北京西郊百万庄)
新华书店经销
北京广厦京港图文有限公司制作
精美彩色印刷有限公司印刷
*
开本：889×1194毫米 1/20 印张：6
2005年1月第一版 2005年1月第一次印刷
定价：48.00元
ISBN7-112-06939-4
TU·6182（12893）

本社网址：http://www.china-abp.com.cn
网上书店：http://www.china-building.com.cn

前言

社会的发展带动了人们生活方式的改变，环境设施也随着经济的腾飞、生活水平的提高、文化的进步与发展改变了许多……

国外，尤其是欧洲，无处不在的环境设施设计给我留下了深刻的印象。在那里有许多环境设施已有100多年的历史，全民的文化素质及人们对设施的爱护与理解都深刻体现在每件作品上。走在街道上，仿佛信步在环境设施的博物馆，从中真切地体验着环境设施发展的轨迹，感受到设施设计的表现特色，真正领会到具有文化历史的环境设施给城市整体形象带来的诱人之处。

将收集的资料编辑成册，把我的记录与感受拿出来与大家分享，希望大家能从中较全面地看到国外的环境设施现状，并与国内环境设施多作比较。愿本书能开拓大家的思路，对设计出更多好作品有所帮助。编写中存在的不足，敬请广大同仁多多指教。

俞 英

2004年8月于上海

目录

1.电话亭

电信业的发展，给人们的生活带来了很大改变，同时也对各方面产生了深远的影响。在城市街道、广场以及公共活动场所等人流聚集的地方，电话亭是人们进行交流的必要设施之一。公用电话亭按照安装位置划分，可分为室内电话亭和室外电话亭；按照封闭性可把电话亭分为全封闭型、半封闭型（不设隔声门）和半露天型(固定在支座或墙柱上)；按照设置电话机的数量可分为独立式、两台并列式和多台集中设置式。常规情况下，环境空间状况、人群流动密度等因素决定着电话亭的形式及电话机数量的设置。

设计电话亭时要考虑电话亭的使用性（即人机界面）、牢固性、私密性、防风雨性等。在城市中，电话亭作为景观的有机构成物，在形式等方面要与周边环境相协调，做到既容易被使用者发现又不过分夺目。

图 1—1

1.电话亭

这是德国的一个古老小镇，在小镇中心区的环境中设置了醒目的电话亭，该电话亭虽然色彩艳丽，与周围环境似乎不太协调，但在排列上显得有节奏和规律，发挥了视觉功能方面的醒目作用。

图 1—2

简洁的造型与周边环境的风格相适应。同时由于处于空旷的环境中，运用明度最高的黄色作为电话亭的主色，非常醒目，方便使用者寻找。

此外，电话亭不仅在外壳上使用电信公司的VI标准色——玫瑰红，电话的听筒也运用了同样的色彩，内外统一、标志鲜明。

图 1—3

图 1—4

图 1—5

图1—4　电话亭内部电话机的造型。无论其色彩还是形状与电话亭都非常协调。

1.电话亭

这三款电话亭均为德国电信公司的公用电话亭。

在德国汉堡，户外电话亭基本上都是这样的造型与结构，即以金属构件组装而成，有封闭和不封闭的“亭”，亭顶上有道红色灯光色带，并有白色电信的标志。

图 1–6

图 1–7

图 1–8

图 1–6　一款室内的全封闭电话亭。因为室内空间非常大，环境嘈杂，所以选用全封闭的造型。这款电话亭在门把手和顶灯等细节部分与图 1–7 及图 1–8 中的电话亭一致，显示出德国电信公司的统一风格，但是这款电话亭的风格相对比较古典。

图 1–7　德国汉堡城市地铁出口处的一个户外电话亭，电话亭的色彩、形态与大环境较协调。电话亭上边的“玫瑰红色带”能够引起视觉的注意力。这是一条灯光色带，也是电话亭的重要标志。

图 1–9　德国汉堡火车站外电话亭的整体效果。电话亭由简洁的直线条构成。在色彩上采用电信公司的 CI 标准色和中性色。电话亭整体形态大方，形象突出。

图 1–9

图 1–10　巴黎新城拉·德方斯，位于巴黎西北塞纳河畔，距凯旋门 5 公里处。人们把拉·德方斯大门塔称为新凯旋门。这里的环境设施都有一种现代感的设计风格。电话亭在这样的环境中不算太完美，但由于高大的雕塑作品占据了人们的视线，形成了独特的景观形象，使其电话亭的功能超过了它的美学设计的重要性。

图 1–10

1.电话亭

图 1—11

连体型的公用电话亭是由三个针对不同使用人群的电话亭组成。

中间的电话亭是为不便于进入电话亭的人群设计的。例如推着婴儿车的母亲。

右边电话亭中的电话机，高度略低于其他两个电话机，适合儿童及残障人士使用。

图 1—12

图 1—13

图 1—14

图 1—15

图 1—16

透明的电话亭亭身丝毫都不破坏周边环境静谧的气氛，并且为旁边的古典建筑增添了现代的感觉。

1.电话亭

同样是构件组装而成的电话亭，与图1–18相比，图1–19的电话亭更能体现出人性化的设计。

电话亭主要运用弧线，在细节的处理上，把门把手设计成电话听筒的形状，独具匠心。

此外，在绿色带较大的环境里，电话亭的色彩与周围色彩的对比，显示出“红花需要绿叶衬”的视觉对比手法与特殊的环境艺术效果。

图1–17　英国最具标志性的公用电话亭。它的形象已被用来制作成旅游纪念品在世界各地出售。鲜艳的色彩和独特的造型，使它成为一款经典的造型。

图1–18　电话亭中运用了折叠门的形式。折叠门的功能非常好，稳固而节省开关门使用的空间。但整体造型与图1–17相比，显得机械呆板，人性化的设计思想有所欠缺。

图1–18

图1–17

图1–19

有的电话亭还运用了无障碍设计，把两边的电话机固定在不同高度，方便儿童及残障人士使用。

亭身的侧面还可设置商业广告，广告收入可投入到设施的维护中。

电话亭运用色彩鲜艳的外壳，单个或连续多个放置在热闹的商业区中，方便使用者寻找。

图 1–20　西班牙巴塞罗那城市中心商业街的电话亭。电话亭有两个面用来张贴广告，一面对着街道，另一面对着人行道，发挥了广告的宣传作用。电话机有两种操作方法，一可用磁卡，二可以投币，使用很方便。

图 1–20

图 1–21

图 1–22

图 1–23

1.电话亭

图 1—24

图 1—24 德国柏林城市中的电话亭。冬天，在这样的电话亭里使用电话的人并不多，也不会使用太长的时间，因为那里冬天的气候较冷，这样的电话亭对使用者来说不太实用。

图 1—25

图 1—26

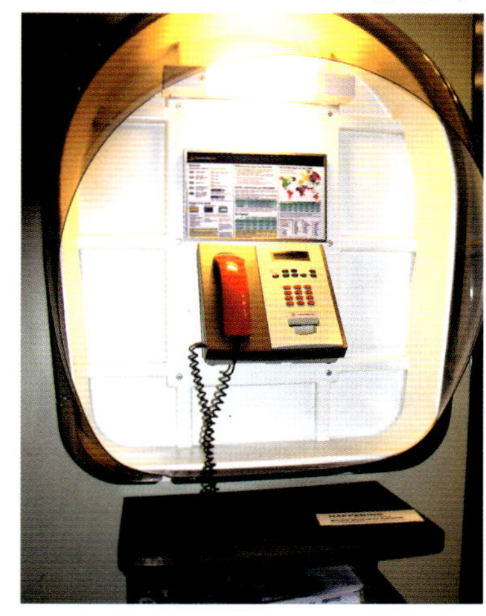
图 1—28

图 1—25　在南方使用这样的电话亭还是较实用。

图 1—26　西班牙街道上的电话亭。

图1—29　法国巴黎一个公寓中公共环境下的室内半封闭式电话亭，透明罩壳在灯光的照射下显得晶莹剔透，符合大环境整洁大方的气氛。由于居住人员密度不大，周围环境特别宁静。电话亭采用弧线造型及柔和的灯光设计，显得特别富有人性化的亲切感。一旁的果皮箱线条简洁大方，金属色与黑色的反差对比，显得干净整洁。

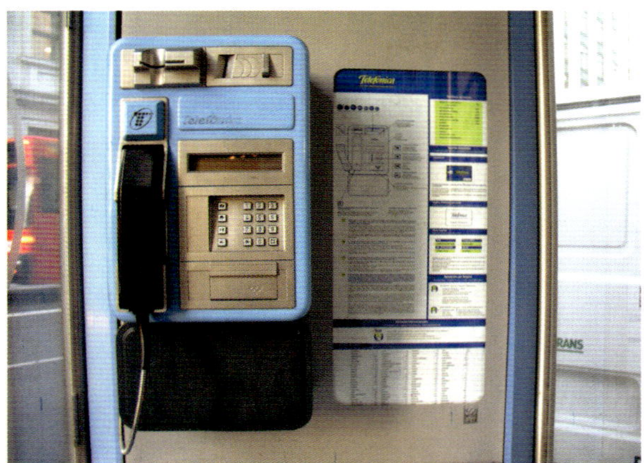

图 1—27

图 1—29

1.电话亭

图 1—30

图 1—31

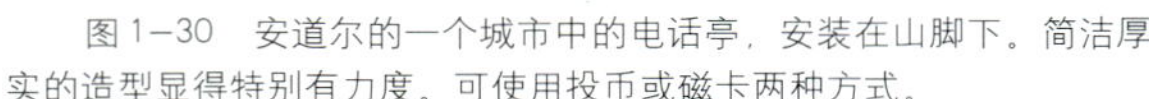

图 1—30　安道尔的一个城市中的电话亭，安装在山脚下。简洁厚实的造型显得特别有力度。可使用投币或磁卡两种方式。

图 1—31、图 1—32　德国柏林的电话亭，造型简洁，与环境中的现代建筑风格相吻合，并且与该公司封闭型电话亭在风格及标准色上保持一致。

图 1—32

图 1—33

图 1—33　丹麦哥本哈根车站环境中使用的电话亭。电话亭本身富有现代感，简洁而敦实，金属的材质与流畅的线形都体现了现代设计，但与车站古老的建筑群环境不太协调。

1.电话亭

图 1—34

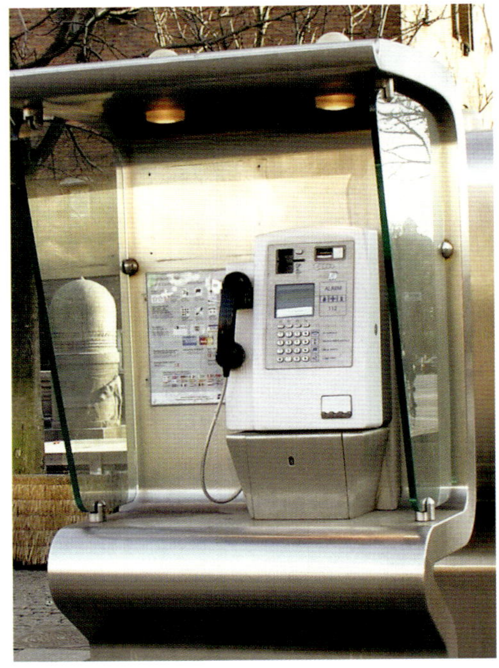

图 1—35

图 1—36

在同样的城市里，图1—34中电话亭的环境比图 1—33 中的要协调得多。此种电话也可使用磁卡和投币两种方式，非常方便。

图 1—35　电话亭的设计细节部分，顶部设置两个照明灯补充照明。

图 1—36　商场室内环境中的电话亭，但只能使用投币的方式，不太方便。

图 1-37、图 1-38　丹麦哥本哈根街道上使用的电话亭，玻璃的外面又用金属网保护了一层，有种压抑感，不过与人行道上的金属护栏倒很和谐。

图 1-37

图 1-38

1.电话亭

图 1—39

图 1—40

图 1—39　室内的公共电话亭，利用柱体的立面，在每个方向都设一部电话机。投币电话和磁卡电话交错放置，挂在四个方向的柱壁上。

图 1—40　地铁内的公共电话亭。背对背放置了两台高度不同的电话机，但是只能用磁卡打电话。

欧洲的环境设施设计中非常注重人性化的设计，在设置两部或两部以上的公用电话机的时候，一般会设置一个无障碍的电话机，便于儿童与残障人士使用。

图 1—41

图 1–42　德国汉堡公共汽车站的室内电话亭，可用磁卡和投币两种方式使用。

图 1–43　法国巴黎地铁的室内公共电话机，可用磁卡和投币两种方式使用。

图 1–42

图 1–43

图 1–44

1.电话亭

图 1—45

图 1—46

图 1—47

图 1—48

图 1—45　法国机场的室内公共电话亭。运用透明的材料分隔空间，既有隔声的功能，又能保证视觉的直视性，可观察到电话机是否有人使用，与周围环境也很协调。

图 1—46　法国地铁站中的室内电话亭，能够通过下半段观察到是否有人正在使用电话。

图 1—48　商场室内的公共电话亭，只能使用磁卡操作完成。

2.垃圾处理设施

垃圾桶是城市环境中重要的环境设施之一，它不仅是保持城市环境卫生必备设施，也反映着城市的环境面貌。

垃圾桶按照作用划分为有机垃圾和无机垃圾的垃圾桶（或箱）及大型回收箱。大型回收箱是存取可回收性垃圾、废弃物的大型设备，主要有箱式和桶式两种。回收箱的种类主要由城市的垃圾种类、垃圾处理站的场地、运送垃圾的车辆等机械设备的条件而确定。

按照固定方式进行分类，可分为独立可移动式和固定式。若从垃圾桶与烟灰箱的相互关系来看，有连体式和普通分立式。此外，垃圾桶除了可作为单纯的设施使用外，还常被设计成某种街道艺术装点物。

因为垃圾桶在城市中只是从属物，所以在造型和设置上都不能过分突出。除了要给人干净整洁和艺术感之外，还要便于人们的使用和垃圾回收处理。因此垃圾桶的桶体需有一定的密封性，桶体内要设置可以抽拉的套桶或者可以更换的垃圾袋。更值得注意的是根据不同的环境、地域等因素，还需要考虑垃圾桶的安全性和防盗性。

垃圾桶的制作材料种类齐全，有铁、钢、木、石、混凝土、GRC、FRP、陶瓷等材质。各种成品无论是在造型上，还是在材质、色彩、规格上，都应该运用设计手段表现出丰富多彩的形态。

材料更新也是设计的要求之一。

一种用废纸、塑料、易拉罐及复合软包装等垃圾制成的新型垃圾箱于2004年6月在上海市街头出现。目前上海每年垃圾箱被盗达1.5万只，这些价值1600元至3000元的不锈钢垃圾箱连连被盗，让环卫部门花费了大量财力、人力。这种用废弃材料制成的高科技环保垃圾箱成本每只仅三五百元，使用寿命达3至5年，因无盗用价值，有望彻底解决多年来环卫垃圾箱被盗难题。

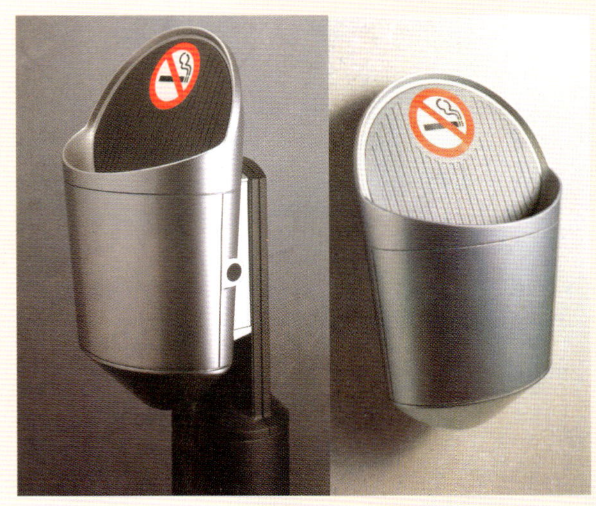

图 2—1

2.垃圾处理设施

图2–5 资源利用再生产品——分类垃圾箱。巧妙地把烟灰缸和垃圾箱的顶盖合二为一。

图 2–2

图 2–3

图 2–4

图 2–5

图 2–6

图2–6　法国巴黎街道上使用的“垃圾桶”。它是一种便捷式的“垃圾袋”，代替了原来的垃圾桶，其成本低、方便更换、卫生轻便、不易丢失。目前在法国巴黎基本上都是用这种“垃圾桶”。

2.垃圾处理设施

图 2—7

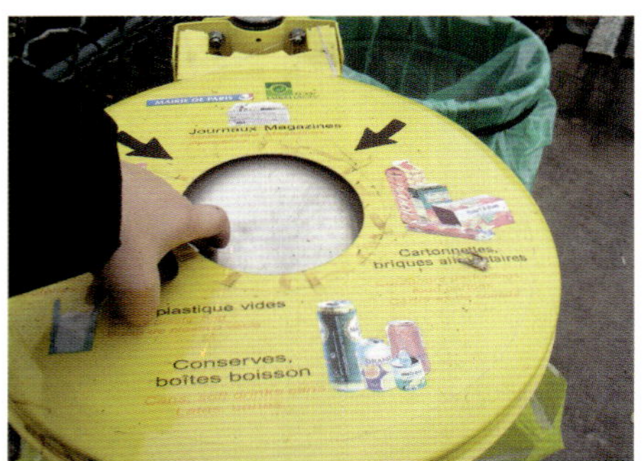

图 2—8

图 2—9

图 2—10

图 2—11

简易式垃圾桶是用橡皮圈或其他装置固定塑料袋而形成的“垃圾筒”，用于回收饮料罐（盒）等废弃物的物品较多。

优点：制作成本低，垃圾回收处理简易。此种垃圾袋的更换处理速度特别快，一般几小时就会更换一次。

缺点：易破损，没有排水孔，防雨水性差。

图 2—7　黄色的塑料袋是收集可回收垃圾的垃圾袋，绿色的是收集不可回收垃圾的垃圾袋，垃圾袋本身用可降解的材料制成。

图 2—12

图 2—13

图 2—14

图2—12　法国巴黎新斯的环境中使用的垃圾桶。

三角形金属材质的垃圾桶由不锈钢材料制成，造型新颖。与金属质地的环境设施及建筑中的金属门窗协调、呼应。

图 2—14　设置垃圾桶时还考虑到座椅和照明灯光，使三者更加有机地结合、相互映衬。

2.垃圾处理设施

图 2–15　丹麦哥本哈根的地铁通道环境中使用的分类垃圾桶。顶盖分为红、黄、绿、蓝四种颜色，不同的颜色代表所回收的不同种类的垃圾，如绿色代表回收玻璃制品，蓝色代表回收纸张。

这款垃圾箱可四个并排放置，也可两两分开放置，具有较大的灵活性。

图 2–16　哥本哈根车站环境中使用的分类垃圾桶。

图 2–15

图 2–16

图 2–17

优美的曲面造型及金属色与黑色形成的强色彩对比，极富现代感。

这种垃圾桶多设置在地铁车站及地下通道中，与周围的现代化设施相配套。

图 2—18

图 2—19

图 2—18　法国巴黎地铁环境中使用的垃圾桶。在巴黎人群流动性较大的环境中，使用分类垃圾桶较少。分类垃圾桶多是在住宅小区中使用。不过在大街小巷里常有专门回收酒瓶的大型垃圾箱。

图 2—20

2.垃圾处理设施

图 2—21

图 2—22

图 2—23

图 2—22、图 2—23　德国汉堡地铁车站中使用的用多种语言标识的分类垃圾桶。

这两款通常安放在地铁车站中，用不锈钢材料制作，形态表现具有现代感。

图2–24　香港街道等公共环境中常见的分类垃圾桶。

图 2–25　日本商店门口使用的分类垃圾桶。右边是可投放烟蒂与烟灰的特殊小型垃圾桶。这组垃圾桶虽然在功能与色彩上都达到了要求，但造型设计得不够完美。

图2–26　中国深圳大学校园中使用的分类垃圾桶。

图 2–24

图 2–25

图 2–26

2.垃圾处理设施

图 2–27　法国老皇宫环境中使用的用木材制作的垃圾桶，古朴典雅。

图2–28　以石材制作的垃圾桶，经久耐用。

图 2–27

图 2–28

图 2–29

图 2—30

图 2—32

图 2—31

图 2—30　西班牙巴塞罗那公共环境中使用的垃圾桶，这一款垃圾桶上端安放了“自助”塑料袋，任意取用，方便使用者。

图 2—31　德国汉堡步行街使用的垃圾桶。此款垃圾桶在快餐店附近，因此垃圾桶投放口较大，方便投入快餐包装等较大的垃圾。

图 2—32　丹麦哥本哈根室内公共环境中使用的普通垃圾桶。在这样的环境中常见使用此类垃圾桶。

2.垃圾处理设施

图 2–33

图 2–34

图 2–33　西班牙室内使用的垃圾桶。

图 2–35　日本使用的普通垃圾桶。

图 2–36　西班牙公共环境中使用的垃圾桶。原先设计为分类垃圾桶，但使用者难以判断分类的标志，所以都统一作为普通的垃圾桶使用。

图 2–35

图 2–36

图 2–37

图 2–38

图2–37、图2–38　中国上海市公共环境中使用的部分垃圾桶。

图 2–39　丹麦哥本哈根公园环境中使用的垃圾桶。

图 2–39

2.垃圾处理设施

设置在卢佛尔宫前的垃圾桶，桶身的色彩与旁边灯柱和路栏的色彩一致。此垃圾桶清理垃圾时需把顶盖打开，取出内部的套桶即可（参看图2-41）。

图2-41

图2-40

图2-40 法国巴黎卢佛尔宫外使用的垃圾桶。

图2-41 垃圾桶的结构图。

图2-42 德国柏林城市公园中使用的普通垃圾桶。其造型与图2-40的垃圾桶相似，但其色彩鲜艳，适合放在自然环境中。在青草地上，这款垃圾桶可谓"万绿丛中一点红"。

图2-42

连体式垃圾桶，在垃圾桶的顶部设置烟灰缸，垃圾从垃圾箱的侧面投入。

在欧洲此类功能与形态的垃圾桶较多，尤其室外环境中要考虑到吸烟者的需求。

我国的吸烟人数约占世界吸烟人数的25%，并且因为乱扔烟蒂引起火灾事故也时有发生，所以可以通过设置烟灰器皿，把普通垃圾和烟蒂隔离开，尽量减少事故的发生。

图 2—43

图 2—44

图 2—45

图 2—46

图 2–47

图 2–48

图 2–47 法国巴黎新城拉·德方斯外环境中对垃圾桶的设置。垃圾桶带有“烟灰缸”功能。蓝色的框架、银色的不锈钢烟灰缸与建筑的色彩非常协调，既不过分夺目又能引起使用者的注意。

这几幅图片中的垃圾桶是在西班牙、法国、德国等国家公共环境中常见的。

图 2–51　此垃圾桶与图 2–48 的造型非常相似。

图 2–52　另一种形式的连体式垃圾桶。顶部的烟灰缸与下部的垃圾桶通过支柱连接。让使用者一目了然。

图 2–49

图 2–50

图 2–51

图 2–52

2.垃圾处理设施

图 2—53

图 2—54

图 2—55

图 2—56

这几款是西班牙、法国公共环境的室内垃圾桶。

图 2—53、图 2—54　立方体形的连体式垃圾箱，简洁的线条加上黑白形成的强对比色，适用于室内。顶部的烟灰缸由一片片板材倾斜成一定角度放置，远看有折纸的感觉。

图 2—55、图 2—56　可单独放置一个垃圾桶，也可在其旁边设置烟灰箱，高低参差，错落有致。

图 2—57

图 2—57　教堂室外通道中的垃圾桶，从形态看与环境不协调，也不够统一。

2.垃圾处理设施

图 2–58

图 2–59

图 2–60

图 2–58　德国室外垃圾桶及周围环境。此款垃圾桶设有烟灰缸功能的装置，从图中可以看到垃圾桶的细节设计特色。

图2–59　设置在路旁的垃圾桶。垃圾桶上装有烟灰缸（见图2–61），供吸烟者使用，既可防止乱扔烟蒂，又可防止火灾，同时把烟灰缸设计成香烟滤嘴的形状，形象生动。

2.垃圾处理设施

图 2–61

图 2–62

图 2–63

图 2–64

图2–61　德国地铁候车处垃圾桶的使用状况。在不同的环境下，垃圾桶使用不同的颜色，与周围环境保持协调。

图2–62、图2–63　垃圾桶多是在室内流动人员较多的环境中使用。

图 2–63　法国地铁通道中使用的专盛烟灰的垃圾桶。

图 2–64　法国巴黎新城内在室内公共环境中供吸烟人员使用的垃圾桶。

2.垃圾处理设施

图 2–65

图 2–67

图 2–66

图 2–68

小巧精致的烟灰缸，可单独放置或与垃圾桶组合放置，并且可根据不同环境作一定的造型变化。

图 2–65　法国室内使用的烟灰垃圾桶。

图 2–66、图 2–67　德国汉堡公共汽车站中使用的垃圾桶。

图 2–68　提醒大家不要吸烟，并且丢弃手中的烟蒂。

图 2—69

图 2—70

图 2—71

在欧洲，乘坐公共交通工具时是不能吸烟的，因此无论是汽车还是地铁上，都设置垃圾桶，但都没有设置烟灰缸。

图 2—69　地铁车厢中使用的小型垃圾桶，它由不锈钢材料制作，造型富有现代感，符合地铁的形象。

图 2—70　公共汽车上的小型垃圾桶，黑色的外壳与汽车内饰的颜色一致。

图 2—71　德国超市中使用的大型垃圾桶。上方是用来专门回收玻璃瓶、铝罐等类垃圾的垃圾桶，下方是回收普通垃圾的垃圾桶。

2.垃圾处理设施

图 2–72

图 2–73

图 2–72、图 2–73　中国上海在街道上设置了许多分类垃圾桶。这款是与广告牌、灯箱相结合的垃圾桶。两个侧面有不同的广告和不同的分类垃圾投入口的设计。

图 2-74

图 2-74　德国的一个特殊的垃圾桶。上图为安置在交通要道中的整体环境效果。

图 2–75

在此种垃圾桶中也有分类——鞋和衣服。把人们的旧衣物收集起来，挑选出较好的衣物，洗净消毒后通过国际红十字组织捐赠给那些需要衣服的人们，达到资源充分利用的目的。

图 2–75　放置在城市马路边的回收衣物的垃圾桶，人们可以随时把不用的旧衣物放进去。

图 2–76、图 2–77　专门回收旧衣物的“垃圾桶”的细部。衣物经过红十字会处理后，可用来援助贫困地区的人们。

图 2–76

图 2–77

图 2—78

图 2—79

图 2—78　特殊垃圾桶在商业街环境中。不论是在商业区还是在住宅区，常常能看见这种大型的专门回收瓶罐的垃圾桶。

图 2—79　在垃圾投放口处设计有六片橡胶叶片，不仅可以阻挡蚊虫的进入，也可以防止玻璃瓶漏出，确保玻璃瓶只能投入而不能取出。

同时还配有专门的车辆定时处理回收此类垃圾桶内的垃圾，简便又快捷。

2.垃圾处理设施

图2—80至图2—85　回收垃圾时的过程。将垃圾桶整体吊入到汽车箱体内，打开垃圾桶底部的桶口，瓶罐从底部倒出，清理结束后再将垃圾桶吊回原处。这是一种省时、省力、操作方便的高效率回收方式。

图 2—80

图 2—81

图 2—82

图 2—83

图 2—84

图 2—85

2.垃圾处理设施

图 2–86 至图 2–89　分别为丹麦、西班牙、德国、法国等国家公共环境中使用的专门回收瓶罐等垃圾的垃圾桶现状及其造型特色。其回收方式与第 50 页介绍的相似。

图 2–86

图 2–88

图 2–87

图 2–89

图 2—90

图 2—92

图 2—91

图 2—93 垃圾分类回收桶。在使用环境中张贴着使用说明，不仅如此，在垃圾箱的盖板上也粘贴着垃圾的分类说明。

图 2—93

2.垃圾处理设施

图 2—94

图 2—95

图 2—96　此类垃圾桶也有专门配套的垃圾运送车。

图 2—96

3. 自行车停放设施

自行车停放架除普通的垂直式、倾斜式和利用自行车架提高停放场容纳能力的错位式及双层式外，还有自行车运动中心常见的钢丝悬挂停放方式。此外，对带动力的自行车，可设置自走式停车场，以及类似立体停车楼的机械式停车场。

图3–1　展览馆门前停放自行车的环境设施景观。

图3–2、图3–3　停放自行车设施的细部结构。该设施是由金属材料构件组装而成，造型如花瓣绽放的花朵。自行车的前轮可以夹进“花瓣”中，不会倾倒；也可以将车子的前轮锁在金属管的“花瓣”上。从远处看，如同盛开花朵似的自行车雕塑。

图 3–1

图 3–2

图 3–3

3.自行车停放设施

图 3–4

图3–4　火车站环境中的自行车停放场。设置有专门的遮雨篷，显得干净整洁。

图3–5　法国巴黎城郊街道边上的自行车停放架。可能当地骑自行车的人很少，所以停车的环境空间也相当紧凑。

图 3–5

图 3–6

图 3–7、图 3–8、图 3–9　丹麦哥本哈根车站环境中的自行车停放架。在欧洲地区，丹麦国家骑自行车的人算是最多。自行车可以随身携带上火车、地铁等交通设施里，人们可以乘一段车再骑一段自行车，非常自由方便。

图 3–8　较大的自行车停放场。有二层可存放，也可以自由的挂锁。在人流较大的地方设置双层自行车停放架，可增加空间容纳量。

图 3–9　双层停放架细部图。

图 3–7

图 3–8

图 3–9

3.自行车停放设施

图 3–11

图 3–10　线条优美的停放架。

图 3–11　休闲广场中的停车架。在休闲广场中常设置停放架、垃圾箱、座椅等环境设施供人们使用。

图 3–12、图 3–14　德国街道中的停放架。由于那里骑车的人不多，所以停车场也显得特别清静。

图 3–13　教堂外的自行车停放架。每当做礼拜的时候，停放的自行车就会增加很多。

图 3–10

图 3–12

图 3–13

图 3–15　纪念馆外的自行车停放架。只有在旅游旺季才会有些自行车停放在此处。

图 3–16、图 3–17　商业中心环境中的停放场。

图 3–16

图 3–14

图 3–17

图 3–15

3.自行车停放设施

图 3-19　德国美术馆外环境中的停放场。

图 3-20　丹麦的一个停放场。前半段是自行车停放场，自行车停放架上有铁链和锁具供使用者使用；后半段为汽车停放场。

自行车停放架、广告牌与外环境的照明有机地结合在一起。

图 3-21　丹麦哥本哈根商场门口的停车架。该设施体积很小，可随便搬动，一般是商家摆放出来方便顾客使用的。在停放架的上端设置有广告牌，小巧而实用。

由于那里的人很少骑车去购物，所以有很多商店门口都是这类小型的停车设施。

图 3-18

图 3-20

图 3-19

图 3-21

用半圆形做成的停放架，造型非常简单，适合放在商店门口，供顾客短时间停车。

图 3—22

图 3—23

图 3—24

图 3—25

3.自行车停放设施

形形色色的小型自行车停放架。

图 3—26

图 3—28

图 3—27

图 3—29

图 3—30

图 3—31

图 3—32

图 3—33

3.自行车停放设施

图 3—34

图 3—34　德国公园附近的一个停车场，停车空间是属于比较小的。

图 3—35　停车架细部。

图 3—35

图 3–36

图 3–37

图 3–36　丹麦步行街边上的停放场，与我国的普通停放场非常相似。

图 3–37　在候车亭旁设置停放架，可方便人们转换乘坐其他交通工具，便于出行。

图 3–37 至图 3–40　分别是丹麦、德国的自行车停放场的现状。在欧洲国家中，自行车停放架及其构件非常相似。

图 3–38

图 3–39

图 3–40

3.自行车停放设施

用两个形状一样的圆形或其他形状的部件倾斜成一定角度，固定在支架上。自行车轮胎夹在两个部件之中，起到固定的作用。此类停放架一般较长，适合停放较多的自行车。

图 3—41

图 3—43

图 3—42

图 3—44

图 3–48 将自行车把手卡在停放架部件中的同时使自行车的前轮悬空，稳固自行车，使它不会倒下。此外停放架还设有高低不同的部件，错落有致，既方便人们使用，也避免了自行车相互碰撞的现象。

图 3–45

图 3–46

图 3–47

图 3–48

3.自行车停放设施

图 3–49

图 3–50

图 3–51

图 3–52

图 3–50　停放架上的使用说明书，让使用者明白操作的方法。这是一个非常人性化的设计。

图 3–52　高低不同的停放架利用错位停放的原理，增加空间的容纳量和使用率。

图 3—53

图 3—55

图 3—54

图 3—56

3.自行车停放设施

有自行车停放架的环境。骑车人能够醒目地看到可停放自行车的区域，也表现出立体性、标志性的设施特色。

图 3—58

图 3—57

图 3—59

图 3—60

4.汽车停放设施

自助收费设施，在欧洲尤其是在法国很普遍，几乎条条街道都存在利用马路边沿作为停车场的情况。支付停车费也是个人操作自助交费设施完成的。

图4—1　汽车停放场的环境。

图4—1

图 4-3 自助停车器的操作面板。集插卡槽、时钟显示屏、操作按键和使用说明为一体，一目了然，方便人们操作。

图4-4 操作使用说明书。通过图文并茂的形式说明整个操作过程，体现出人性化的设计理念。

图 4-2

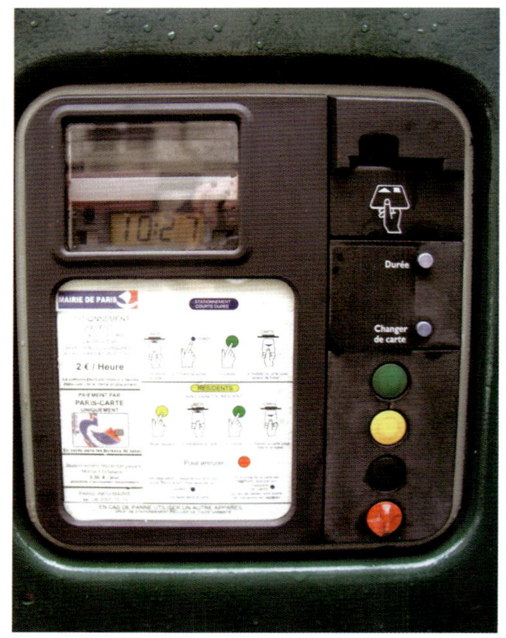

图 4-3

图 4-4

图 4–5

图 4–7

图 4–7　在停车器的旁边设置垃圾箱，可方便人们在存车和取车的时候使用。

图 4–6

图 4–8

图 4–9

图 4–11

图 4–10

图 4–12 利用太阳能为停车器提供能源，既环保又清洁。

图 4–12

图 4–13

图 4–13 自助停车器的操作面板。

图 4–14 自助停车器分投币和插卡两种使用方式。

图 4–14

图 4—15

图 4—16

图 4—17

5.汽车加油设施

加油站，是设置在城市道路边为汽车或助力车加油的专用建筑及设施，属城市的基本设施之一。车辆的增加，加油站系统的数量、规模、分布等发展状况也被看作是城市发展程度的缩影。

加油站按照服务类型可划分为三类：专业加油站（仅提供加油服务）、小型商业服务加油站（如小型超市）和综合型加油站（提供多种服务，如住宿、洗车、用餐等）。

加油器一般设置在高于地面一定距离的平台上，并且按照不同的油类标号分开作业。

图 5—1

5.汽车加油设施

在欧洲城市中，汽车加油往往都是自助式的，加油收费的过程由个人操作完成。有刷卡和投币两种方式付费，使用非常方便。

图 5—2

图 5—3

图 5—2　具有六支及六支以上油枪的大型加油器。

一般加油器上的颜色和标志都使用石油供应商的标准色及标志，视觉识别系统特点鲜明。

图 5—3　山脚下的专业加油站。

图 5—4　德国的加油设施。

在大型加油器周围一般会设有纸巾盒和垃圾箱，便于人们加油后擦手及扔杂物时使用。

图 5—4

由于自助式的加油设施不受服务时间的约束，可24小时使用，因此周边配套的小型超市也随之不断发展，方便了人们的生活。

图 5—5

5.汽车加油设施

图 5-6

图 5-8

图 5-6、图 5-7　德国的加油设施。

在加油器的两个侧面都设置有油枪，便于汽车在不同的方向停靠加油。

图 5-6 至图 5-8　具有四支或四支以下油枪的中型加油器。

图 5-7

图 5–9　西班牙的加油设施。

设置在道路旁边的小型加油站，便于人们使用，一般有一至两支油枪。

图 5–10　安道尔和法国之间路途中的加油设施。

图 5–11　安道尔的加油设施。

图 5–10

图 5–9

图 5–11

5.汽车加油设施

图5–12　小型自助式的加油设施。设置在法国停车库前的街道上。

图5–13　法国街头简易的自助式加油设施。

图5–14　两辆汽车正在同时加油的场景。

汽车的主人很熟练地为"爱车"加油，可以看出人们非常熟悉这种自助式的加油设施。

图5–13

图5–12

图5–14

6. 移动公共厕所

公共厕所是城市中使用量较大的公益性卫生设施。移动厕所可根据人流情况随意搬动，方便灵活。公共厕所的设计、内部设施和管理可以体现出城市的文明程度和经济状况。

图 6—1　JC Decaux 公司于 1980 年设计的 SPEA 公用移动厕所。

JC Decaux 公司非常注意保持城市环境的美感，它很懂得根据文化和传统的区别，变换移动设施的风格。

图 6—1

6.移动公共厕所

图 6–2

图 6–3

图 6–4

图 6–2 至图 6–4　SPEA 移动厕所在设计时考虑到城市环境及使用人群等因素的不同，造型也有相应的变化。

图 6–2　专为残疾人士设计的公共厕所。

图 6–6　操作面板设计。面板上的操作程序非常详细，方便使用者操作。

图 6–5

图 6–6

图 6–7

图 6–8　德国的移动公共厕所。

德国的公共移动卫生设施，大多数是与广告招贴相结合，并且是用构件组装加工完成的。

图 6–8

6.移动公共厕所

图 6–10

在公共移动厕所的一角设置了电话亭，方便在街头公园散步的人们使用。

图 6–9

图6–10　移动厕所的共用性特别强，考虑到使用者的实际需求，设计师在有限的空间中放入了更多的环境设施。

图 6–11

7.候车亭

候车亭是公交汽车停靠站和乘客乘换汽车的环境设施。理想的候车亭一般需要有遮阳、避雨、挡风的功能，此外，还需要保持空气的流通。

标准的候车亭是由站台、站牌、顶盖、隔板、支柱、防护栏、夜间照明、座椅等几部分组成。现在的候车亭大多数是与广告牌相结合的。法国的“标准化公共车站” 就是以这一形式发展起来的。

图 7—1

7.候车亭

图 7-2

图 7-3

JC Decaux 于1970年设计的标准化公共车站。

1955年，Jean-Claude Decaux（1937年出生)创立了一家专营高速公路广告箱业务的公司。1964年政府提高征收的税额后，JC Decaux就开始向城市广告方面发展了。当时他提出全新的概念，是让广告刊登者全额出资负担建设市内一流的公共汽车站的费用，同时他们也享有在车站刊登广告的权利。

由此，第一个项目在里昂试验，此后很快就在周边的城市Grenoble、Angers以及Poiiers发展起来。在最初的几年，JC Decaux总是受到广告刊登者的众多质疑，他们并不相信这样相对而言比较小的广告会有多大的影响。

但是，JC Decaux的创举为公司开辟了新的道路。20世纪70年代初期，随着“标准化公共车站”为众多法国人熟知，公司的业务也腾飞起来。

Decaux也是1972年MUPI广告灯箱(城市移动信息窗)的发明者，他还发明了PISA(动画信息服务点)。以为市政府建设公共车站作为交换条件，Decaux获得了在所有公共车站刊登广告的权利。

此外，公司的交货期非常短。从产品的设计、生产到安装仅需12个月。JC Decaux非常注意保持城市环境的美感，他也很善于根据文化和传统的区别变换各移动设施的风格。

图 7-4

图 7-4 候车亭灯光的细部设计。

图7-5 候车亭的顶棚上有钢丝网，可防护垃圾粘在玻璃上，但却影响了玻璃的美观。

图 7-6 候车亭的侧面可用来张贴广告，其收入可用于候车亭的维修与保养。

图 7-5

图 7-6

7.候车亭

图 7–8 至图 7–10　候车亭均是圆弧形的顶棚，这样的结构有利于雨水的滑落，减少顶棚的压力。

图7–9　候车亭的支柱像棵大树的树干，在顶部分开若干"树杈"，支撑着候车亭的顶棚。

图 7–7

图 7–8

图 7–9

图 7–10

图 7—11

不管候车亭的造型如何变化，一般是由金属材料构件组装而成的。只有少数的有众多文化古迹的城镇，为了不破坏小镇古朴的风貌，是用木质材料制作候车亭。

图7—12　造型古朴的候车亭。用木质材料搭成小凉亭的形式，在周围黄色树叶的映衬下，显得别有韵味。

图 7—13　候车亭的顶棚犹如伸展双翅飞翔的海鸥，感觉轻盈、灵动。

图 7—12

图 7—13

7.候车亭

图 7－14　候车亭运用简洁的线条和黑白的对比色彩，表现出强烈的现代感。

图 7－14

图 7－15

图 7—16

图 7—18

自从 JC Decaux 于 1970 年设计的标准化公共车站中专门设置了广告牌的位置后，越来越多的候车亭也开始张贴广告，并把其收入作为维修和保养候车亭的主要经济来源之一。

图 7—17、图 7—18　西班牙街道中的候车亭，与法国候车亭的造型及构造非常相似。

图 7—17

图 7—19

7.候车亭

在候车亭附近通常设有其他环境设施，如垃圾箱、电话亭等，便于人们使用。

图 7—20 至图 7—22　丹麦街道中使用的候车亭。由丹麦设计师 Dissing 和 Weltling 设计。

图 7—22　候车亭中的座椅设计。

图 7—21

图 7—20

图 7—22

图 7—23

图 7–24 至图 7–26 德国的候车亭。

图 7–27 大型的候车亭，用于多条线路公共汽车的停靠点。

图 7–24

图 7–26

图 7–25

图 7–27

7.候车亭

图 7—28

图 7—30、图 7—31　丹麦街头的候车亭。

图 7—30

图 7—29

图 7—31

8. 书报亭

图 8–1　大环境中的书报亭

8.书报亭

这几款分别是法国、西班牙和德国的书报亭。在设计风格与材质选用上都非常相似。

图 8–2　圆形尖顶的建筑风格运用在书报亭上，使它具有古典感，与周围的建筑能很好地融合。在古典建筑群的附近加入现代化的物品而又不破坏环境原有的风貌。

图 8–4　书报亭与旁边的宣传栏的风格一致。

图 8–5　西班牙的书报亭。

图 8–2

图 8–3

图 8–4

图 8–5

图 8—7

图 8—6

图 8—6　法国的书报亭。

图 8—7　德国的书报亭。

图 8—8　富有现代感的法国书报亭。

图 8—8

8.书报亭

图 8–9　富有现代感的法国书报亭的造型。

9.无障碍电梯

图 9–1 电梯外环境

9.无障碍电梯

在电梯的设计中需要特别考虑共用性设计。由于在公共场所中有许多电梯是专为残障人士设计的，因此在细节部分也要特别注意。例如在电梯的按钮上印有突起的盲文，便于盲人使用。

图 9–4

图 9–5

图 9–2

图 9–2　电梯按钮的放大图。

图 9–3　此电梯是图 9–1 鱼形建筑中的电梯。电梯的风格与建筑风格非常吻合。

图 9–5 至图 9–7　专为残障人士和携带婴儿车的人们服务的电梯。它有醒目的颜色，可引起人们的注意。同时，电梯标识上的说明也十分清楚。

图 9–3

图 9–6

图 9–7

图 9–8

图 9–9 至图 9–11　专门为残障人士设计的小型电梯。电梯的内部空间只够一辆轮椅进出所需。

图 9–11　电梯的开关设置在门前的立柱上，立柱与门之间有一段供轮椅伸展的空间，方便使用轮椅者自己操作。

图 9–10

图 9–9

图 9–11

9.无障碍电梯

图 9-12

图 9-14

图9-12、图9-13　室内环境中使用的专为残障人士设计的小型电梯。

图 9-13

10. 饮水器

图10–1至图10–3　欧洲历史悠久的饮水器。复杂的装饰花纹和建筑风格统一的古典造型，都深深镌刻着时代的印记。从工艺上来看这些饮水器的质量非常好，虽然已经历经百年的沧桑岁月，也已经有较长时间不太使用，但是它们依然能够很好地"工作"，由此可以窥见当时制造业的技术水平。

图10–2

图10–1

图10–3

10.饮水器

图 10–4

图 10–5

旧时的饮水器多设置在道路边、街心花园等人流较多、使用较方便的地方。

图 10–4　使用者操作饮水器的情景。

用拇指按下引水器的按钮，水即从出水口流出。移开拇指，按钮自动弹出，恢复原位，水流停止。

图 10–6

图 10–7

图 10–8

图 10–9

图 10–10

图 10–11

图 10–9、图 10–11　饮水器的体积较大，可同时供多人使用。出水开关安置在出水口后面，按下后，水即可流出。

图 10–10　路旁的大型饮水器。

10.饮水器

图 10–12

图 10–13

图 10–12 至图 10–16　日本当今使用的饮水器。

图 10–14

图 10–15

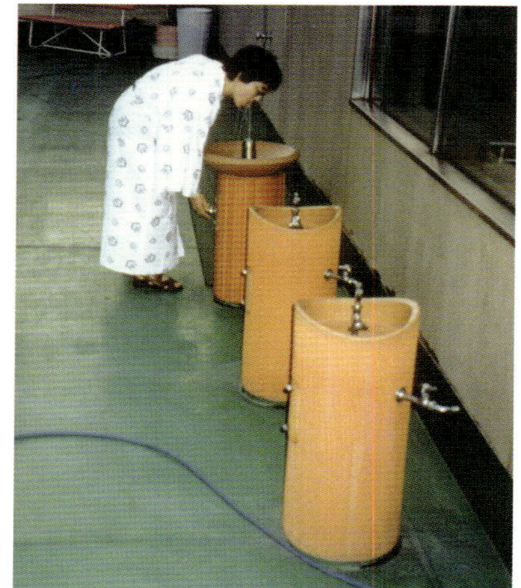

图 10–16

11.自助设施

图 11—1

自助售货机是城市的公共销售服务设施。它有着色彩鲜艳、体积小、机动灵活、使用方便等特点。自助售货机具有减少服务人员的劳动、可延长销售时间、方便顾客等优点，是城市环境设施中不可缺少的一部分。

自助售货机常设置在街道和人流密集的场所。在国外城市环境中，最常见的投币式自助售货机主要销售票证、香烟、饮料和食品等。

图11—1至图11—3　设置在室内的专门出售小火车车票的自助售票机。

图 11—3　售票机的操作面板。

图 11—2

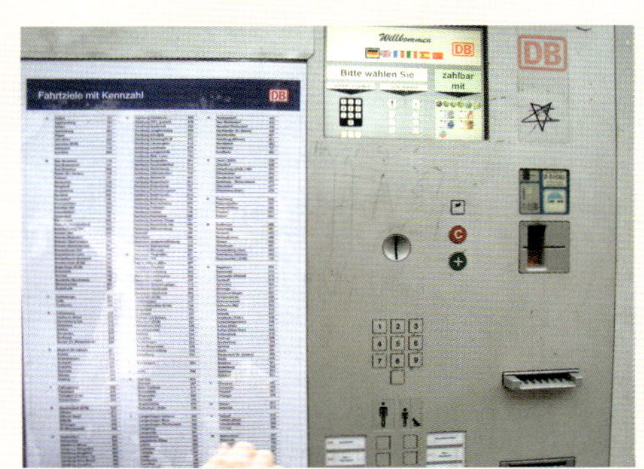

图 11—3

图 11-5

图 11-4

图 11-4、图 11-5　设置在室外的火车票自助售票机。

图 11-6

图11－9　自助售票机的操作面板。在面板上以图表的形式标示着使用说明，设计非常人性化。

宽敞的大厅中依次排列着许多自助售票机，可销售不同种类的票证。

图11－7

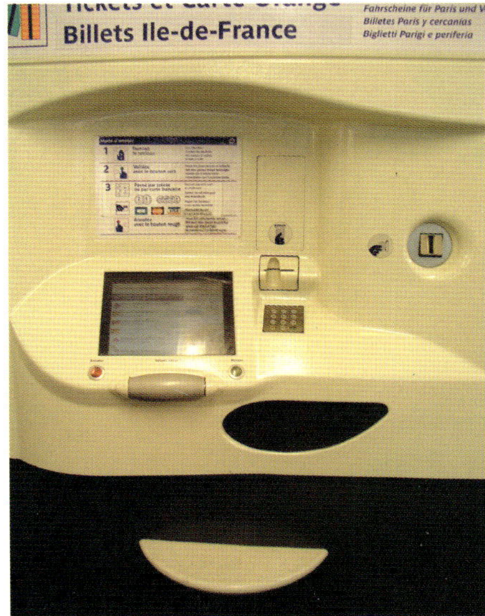

图11－9

图11－8

图11－10

11.自助设施

形形色色、种类繁多的自助售票机。

图 11–14 至图 11–17　自助售邮票机。使用者先称信笺的重量，然后按照邮寄路程的距离购买一定面值的邮票。

图 11–11

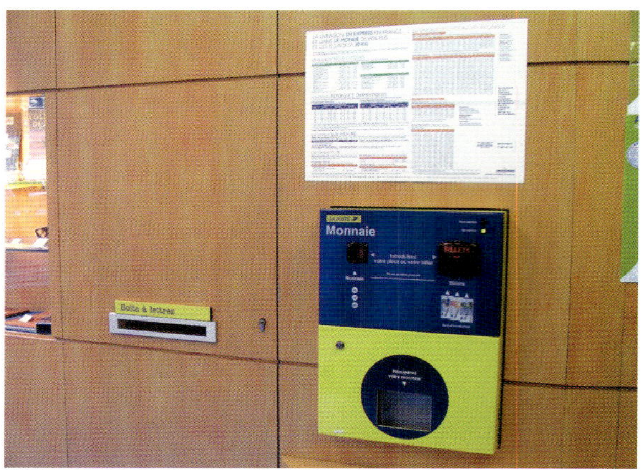

图 11–14

图 11–12

图 11–15

图 11–13

图 11—16

图 11—17

图 11—18 至图 11—21　邮电系统的大型自助设施。

这款机器中不仅包括信封、信纸、邮票、纪念品等物品的销售，还有自助查询机，信用卡 POS 机等其他设施。

图 11—18

图 11—19

图 11—20

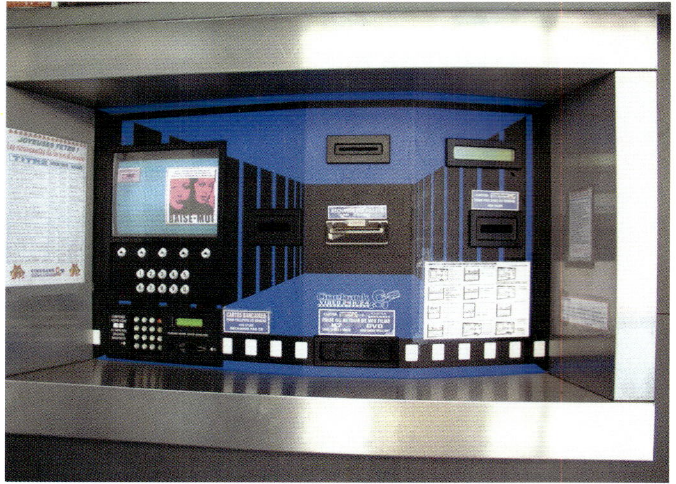

图 11—21

图 11—22 至图 11—26　自助售烟机。有多种品牌的香烟可供消费者选择。

图 11—22

图 11—23

图 11–27　自助售咖啡机。

图 11–28　自助售冷饮机。

图 11–24

图 11–25

图 11–26

图 11–27

图 11–28

11.自助设施

图 11—29

图 11—30

图 11—31

图 11—32

图 11—33

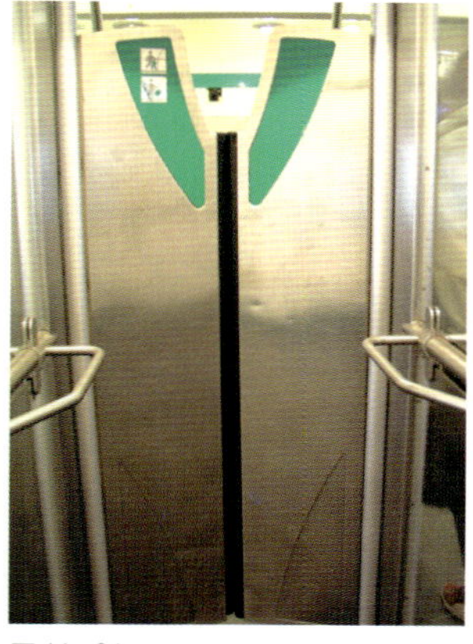

图 11—34

图 11—29　自助售饮料机。

图 11—30　自助售冰饮机及其他几种自助售货机。

图 11—31 至图 11—33　日本的自助售货机。

图 11−35

图 11−36

图 11−34 至图 11−37 地铁等现代化交通工具的进出口处使用的检票设施。

此种检票设施采用"门"式结构。"门"在一般状态下是合上的，当有乘客检票通过时，门会自动打开。

图 11−37

图 11—38

图 11—40

图 11—39

图 11—38 至图 11—40　自助存物箱。

图 11—40　日本的自助存物箱。上面附有清晰的指示说明。